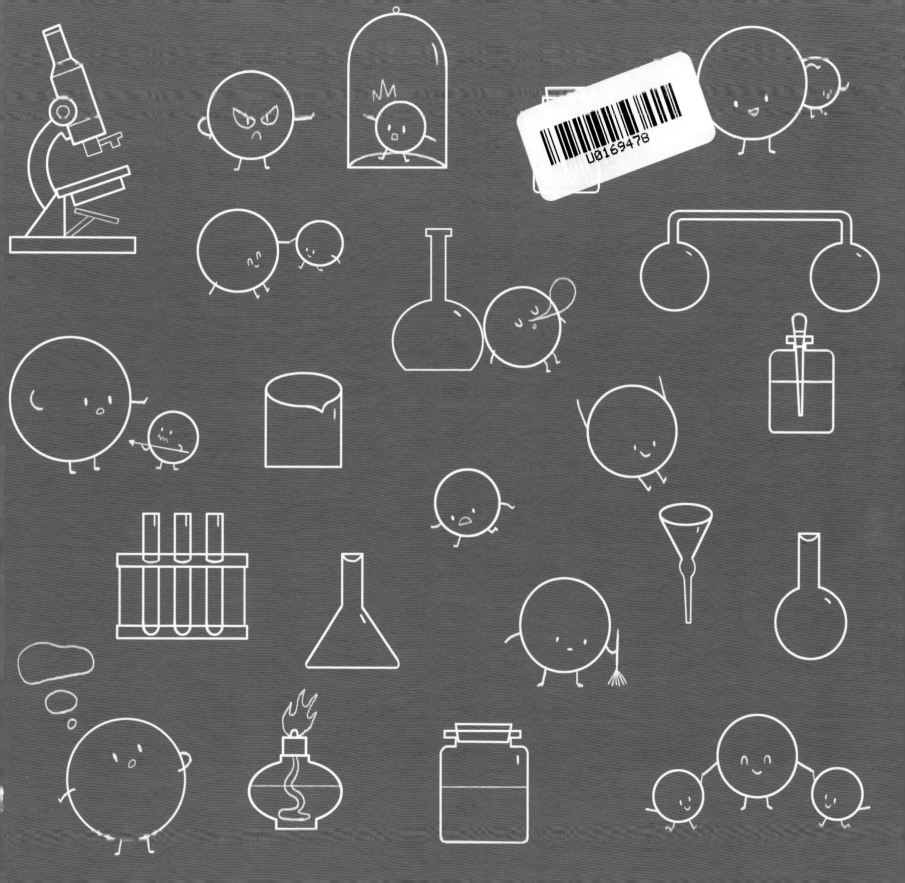

图书在版编目 (CIP) 数据

门捷列夫很忙：给孩子的化学启蒙. 改变人类历史进程的三大元素 ／ 李金炜著；七酒米绘. －－ 北京：外语教学与研究出版社，2022.10（2024.6 重印）
ISBN 978-7-5213-3961-1

I. ①门… II. ①李… ②七… III. ①化学－少儿读物 IV. ①O6-49

中国版本图书馆 CIP 数据核字 (2022) 第 167989 号

出 版 人　王　芳
策划编辑　汪珂欣
责任编辑　于国辉
责任校对　汪珂欣
美术统筹　许　岚
装帧设计　卢瑞娜
出版发行　外语教学与研究出版社
社　　址　北京市西三环北路 19 号（100089）
网　　址　https://www.fltrp.com
印　　刷　北京捷迅佳彩印刷有限公司
开　　本　787×1092　1/12
印　　张　20
版　　次　2022 年 10 月第 1 版　2024 年 6 月第 7 次印刷
书　　号　ISBN 978-7-5213-3961-1
定　　价　200.00 元（全套定价）

如有图书采购需求，图书内容或印刷装订等问题，侵权、盗版书籍等线索，
请拨打以下电话或关注官方服务号：
客服电话：400 898 7008
官方服务号：微信搜索并关注公众号"外研社官方服务号"
外研社购书网址：https://fltrp.tmall.com

物料号：339610001

门捷列夫很忙：
给孩子的化学启蒙

改变人类历史进程的三大元素

李金炜 / 著　　七酒米 / 绘

外语教学与研究出版社
北京

人类已经发现了 100 多种元素，它们都源于
130 多亿年来宇宙的孕育和滋养。

元素周期表

对只有几千年的人类文明来
说，有些元素显得尤为重要。正是
因为它们，人类文明才能在不同时
期产生跨越式的进步。

就让我们在门捷列夫先生的带领下，了解这些**改变世界的元素**吧。

3

自古以来，人类就把碳作为燃料，今天地球上约 80% 的能源都来自煤炭、石油、天然气这些含碳的化学燃料。

可以说，没有碳，人类就不可能开始工业革命，也不可能有现在如此便捷舒适的生活。

4

按照现今的理论，煤炭、石油等都是由远古含碳的动植物演化而成的。

所有的生物都含有碳，因为碳是组成DNA（脱氧核糖核酸）以及细胞的基本元素。为什么是碳而不是别的元素构建了生命的骨架呢？这就要从"**化学键**"这个概念加以理解了。

碳

碳

碳

碳

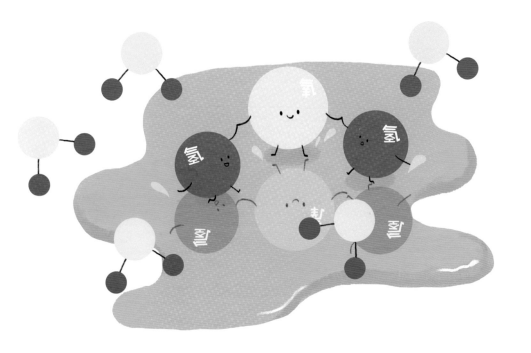

化学键就是原子或分子之间的吸引力。

比如水分子，就是一个氧原子通过化学键拉住了两个氢原子，摇身一变，变成了水。

而碳原子最多可以和外界形成四个化学键，而且每一个键都能以不同的程度与其他原子结合。

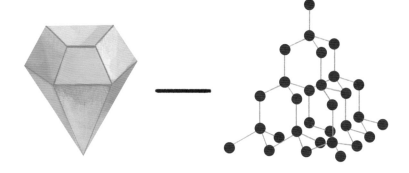

如果碳原子之间通过四个化学键呈稳固金字塔方式结合，就构成了世上最坚硬的矿物之一——钻石。

而如果每一个碳原子通过三个键与其他碳原子结合，形成层状结构，那就构成了世上最软的东西之一——**石墨**。

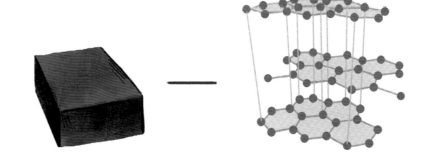

碳原子之间可以通过各种奇妙的方式结合在一起。这就是碳的神奇，没有几种元素拥有碳这样独特的性质。

通过化学键，碳还可以和其他元素的原子结合，这就形成了千万种**含碳的物质**。

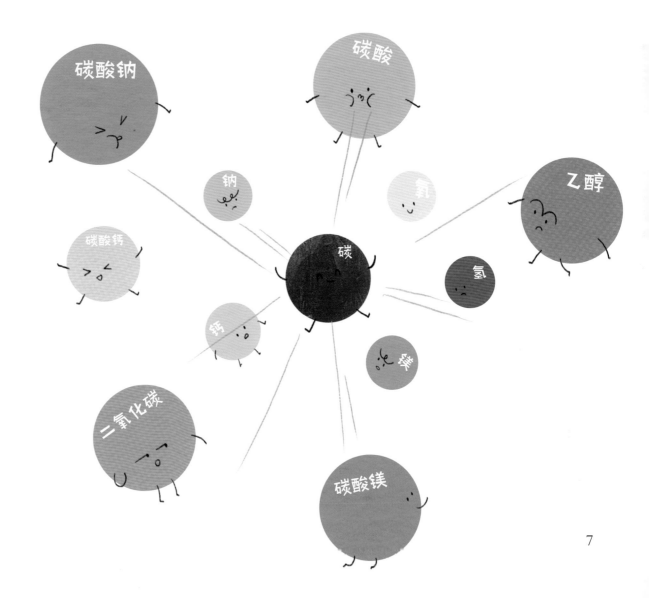

神通广大的碳构建了生命的骨架，也成了人类研发新材料的宝藏。首先是碳纤维，这种具有超高强度和韧性又轻盈无比的材料，已经在很多领域把金属挤到了替补席上。

碳

碳纤维有多强，看看我们生活中使用碳纤维的东西是什么就知道了。这包括F1赛车、竞技自行车、大型客机的机体、网球和羽毛球的球拍，还有钓鱼竿。

再让我们把目光焦点汇聚在石墨上。系列风头正劲或充满未来感的碳材料都出自它。

科学家发现，60个碳原子可以组成一个碳原子球，由于美国建筑师富勒曾经设计过球形的建筑，因此这些碳原子球也被命名为——富勒烯。富勒烯的发现给了人们一个启发：在微观世界里可能还包含着许多人类未曾见过的碳原子排列方式。

果然，不久之后科学家就发现了**碳纳米管**。你可以理解为这是一种迷你的碳纤维。它的强度比碳纤维的要高得多。

不过碳纳米管的风头很快便被小兄弟——石墨烯取代了。

石墨烯的结构其实非常简单，也就是单层的石墨。而且它的发现过程也很简单：一次偶然的机会，科学家安德烈·海姆和康斯坦丁·诺沃肖洛夫用胶条粘在石墨上再撕下来，再用别的胶条粘在这一小块石墨上撕下来，反复多次，就得到了单层石墨，也就是石墨烯。用如此原始方法发现的物质，却使两位科学家获得了诺贝尔奖。

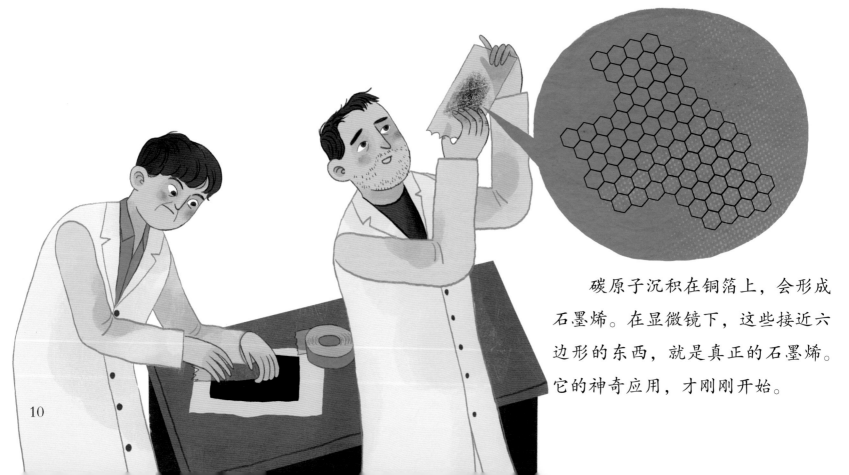

碳原子沉积在铜箔上，会形成石墨烯。在显微镜下，这些接近六边形的东西，就是真正的石墨烯。它的神奇应用，才刚刚开始。

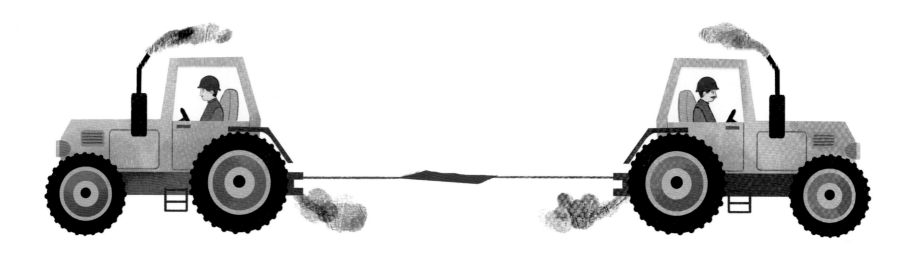

　　简单来说，**石墨烯是世界上最纤薄、最强韧的物质之一**。它的断裂强度比最好的钢材还要高 200 倍。如果用一块 1 平方米的石墨烯做成吊床，吊床本身的重量不足 1 毫克，但可以承受一只 1 千克重的猫在上面玩耍。

　　同时，石墨烯极有可能使我们的手机屏幕和芯片产生革命性的突破。

　　其貌不扬的碳不仅左右了我们的历史，也将影响人类的未来。

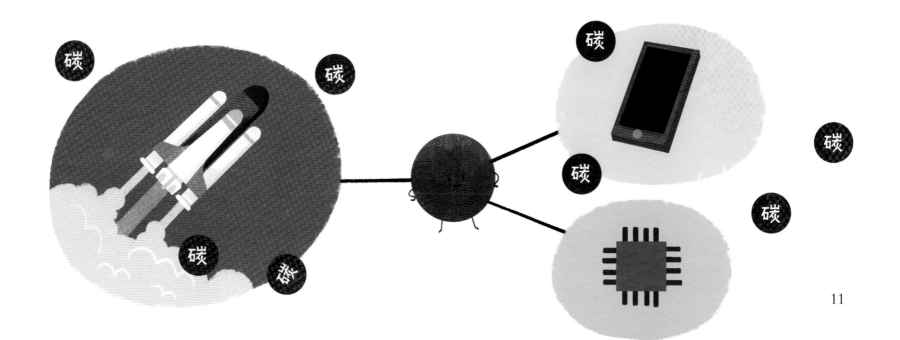

接下来，我们来看看影响人类文明进程的铁元素。

铁在地壳中的质量丰度排在**第四位**，其中在金属中排名**第二**，比铝还少一点。

但是你要知道，我们的地球拥有一颗几乎是纯铁的内核，如果把它算上，铁应该是地球上最多的元素。

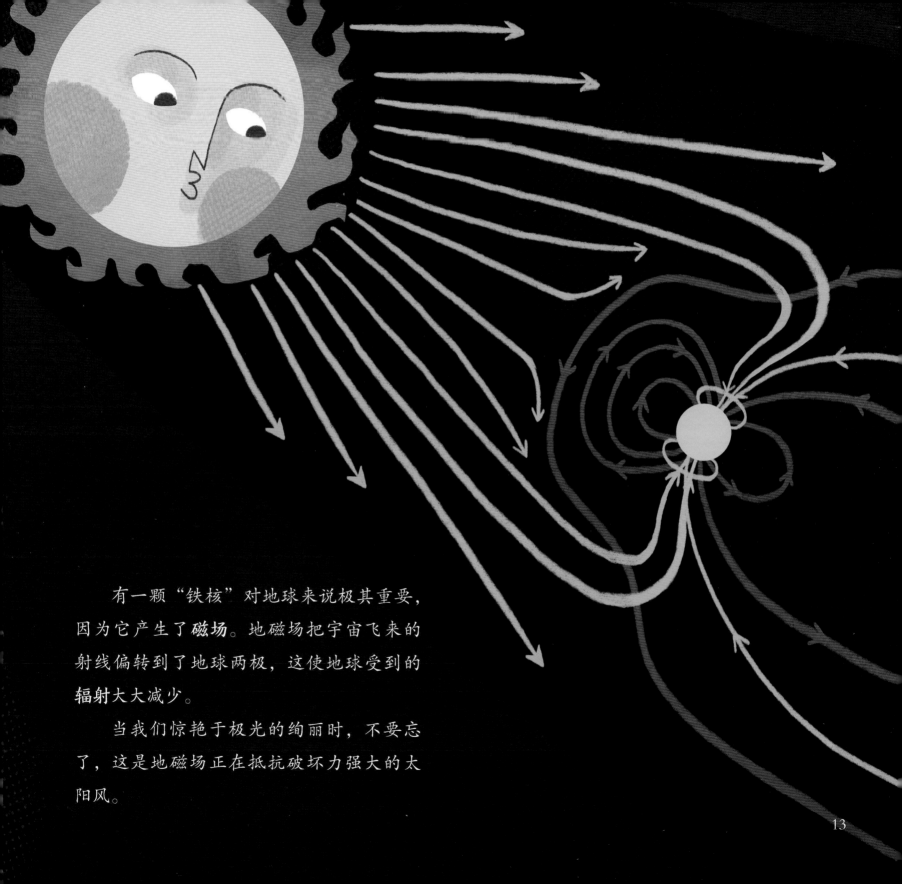

　　有一颗"铁核"对地球来说极其重要,因为它产生了**磁场**。地磁场把宇宙飞来的射线偏转到了地球两极,这使地球受到的**辐射**大大减少。

　　当我们惊艳于极光的绚丽时,不要忘了,这是地磁场正在抵抗破坏力强大的太阳风。

铁是金属。对远古人类来说，金属实在是个稀罕物。它加热后会变得很柔软，甚至可以塑形，等冷却下来又变得很坚硬。

后来，人类终于找到了金属具备这种神奇性质的原因。

在电子显微镜下，金属**晶体**内部遍布着线条，被称为"**位错**"。位错是一种瑕疵，本来金属原子应该排列在这儿，却发生了断裂。正是这些位错，使得金属可以改变形状，进而制造成工具。

当我们把曲别针的一头掰直，里面有一百万亿个位错以每秒几千米的速度从晶体的一侧移动到另一侧。每一个位错都带动一小块晶体，从而使整个曲别针变直。

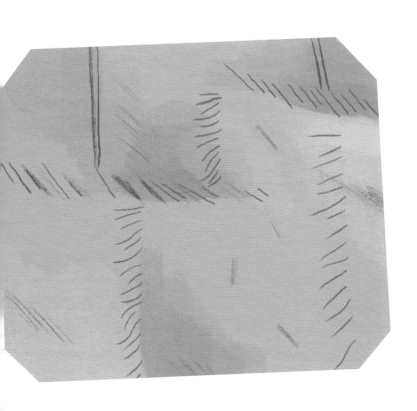

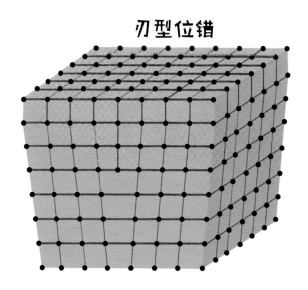

刃型位错

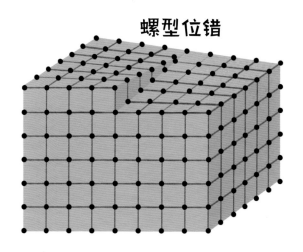

螺型位错

金属的**熔点**反映着原子间金属键的强度，也反映着位错移动的难易程度。当金属被加热到临近熔点时，晶体内的位错开始移动，重新排列组合，金属也就变软了。

铜　铜

在石器时代，人们首先发现了两种金属——**金和铜**。同时人们也发现：从天而降的陨石中，偶尔会有一些比青铜更硬的东西。这便是**陨铁**——宇宙中天然的纯铁块。

不过，指望天上经常掉铁块实在不现实，人们也想把一些含铁的矿石像铜那样加热冶炼，不过始终没有成功。

现在我们知道，铁的熔点比铜的高，因此在发明窑炉之前，人类没有办法把铁从岩石中**提取**出来。

大约在公元前 2000 年，人类终于掌握了**高温炼铁**技术。由于铁在地球上的分布实在是太广了，所以人类开心地进入了**铁器时代**。

人们用铁来做兵器，早期的铁兵器和青铜比起来虽然硬度上可能还差一点，不过好在铁到处可以找到，而且加工费用便宜。于是，原本手持棍棒的人类族群有了先进的铁兵器。古代人类文明的势力范围开始了重新划分。

在铁开始盛行之后，人们意外地发现了钢。它比铁和青铜都更坚韧一些。

其实也不能算是意外，因为钢就是在铁中加入碳而形成的。我们的祖先用什么来炼铁呢？当然是木炭。所以钢就这么自然而然地被发现了。

铁变成钢，这是大自然神奇的规律。因为碳加在金和铜里都不会有这样的变化，只有加入铁里，才可以华丽变身。

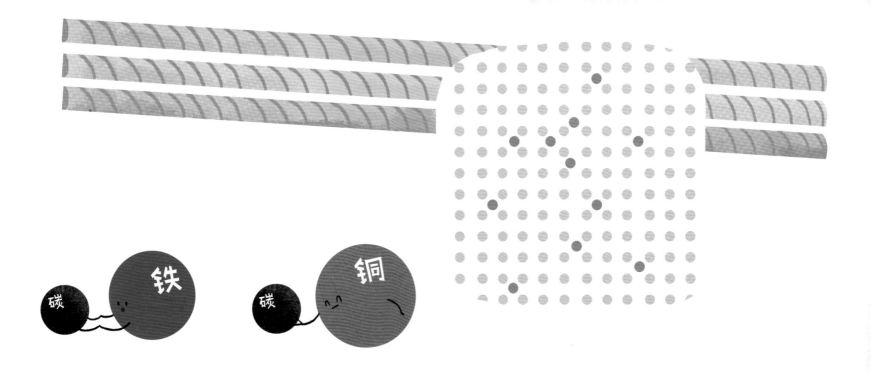

　　无论是把锡等金属加入铜里制成青铜，还是把碳加入铁里制成钢，它们都属于**合金**。很多合金比原本的金属更坚固，这其中的道理直到 20 世纪人们才搞明白。

　　金属都是由金属晶体构成的，内部的原子排列有序。**青铜**的晶体中，加入的锡等金属的原子占据了原本应该是铜原子的位置，也就改变了铜晶体原本的物理和电子结构，这使得位错更加难以移动，晶体的形状更难改变，也就变得更硬。

　　而**钢**的晶体结构又不太一样。碳原子并没有取代铁原子的位置，而是挤在了铁原子之间，把整个晶体拉长了。

1913 年，英国人布雷尔利正在为军队研发更适合做枪管的钢材。他把各种元素掺到铁里，并对比哪种合金的效果更好。一个偶然的机会，他发现角落里一堆废弃生锈的枪管中有一根光亮如新。这是一个在铁中加了**碳和铬**的试验品。

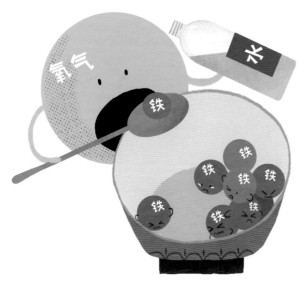

我们现在知道，铁在潮湿的空气中极易被氧化，形成我们称为铁锈的**氧化铁**。长久下去，铁就会被腐蚀殆尽。

不过铬原子非常有意思，它会抢先和氧原子结合，形成**氧化铬**。氧化铬是一种透明并且坚硬的物质，它牢牢地包裹住了钢铁，并且从外表上看不见。而且它还有神奇的自我修复功能。布雷尔利偶然发明的这种钢材就是**不锈钢**。

不锈钢并不适合做枪管，却重塑了我们的厨房。不锈钢水槽，不锈钢餐具……这些亮闪闪并且禁得住各种物质腐蚀摧残的材料，让我们的厨房变得更加洁净光亮。

我们周围充满了岩石、沙子、土壤，它们大部分都含有硅。硅对人类的历史和未来，具有巨大意义。人类最早对硅的开发恐怕就是制造**陶器**。陶器由黏土或陶土塑形，再烧制而成。在远古时代简陋的物质条件下，家里大部分的生活用品大多是由这些含硅的泥巴做的。

硅还被用作建筑材料。在我国的西汉时期，人们就发明了由石灰、黏土和沙子加水混合而成的"三合土"，这可以算是古代的混凝土了。

之后，聪明的中国人把糯米煮烂加入三合土中，造就了功能强大的"糯米灰浆"。明清时期由糯米灰浆砌成的砖石建筑至今仍屹立不倒，这其中就包括明长城。

相传几千年前，地中海沿岸一座小城南部有一片洁白的河滩，一群商人在那里停下烧火做饭，却找不到石头来架起他们的锅。于是，商人们把船舱中的货物——大块的**纯碱**搬来架锅。第二天，他们发现在灰烬中出现了一块块闪亮的白色鳞片。

今天我们知道，这些如同宝石般美丽的东西就是**玻璃**。

原来，白沙中含有大量的石英，而石英的主要成分就是氧和硅的化合物——**二氧化硅**。二氧化硅本来不会被做饭的柴火熔化，但是商人们恰巧放上的纯碱使它可以在较低温度下熔融，等冷却之后就形成了人类最早制造出的玻璃。

直到今天，玻璃仍然是我们生活中的必备品。它坚硬、透明、耐腐蚀，又可以在高温下像金属一样被加工塑形。

二氧化硅是一种很奇怪的东西。比如冰加热之后就会变成水，而把水降到0℃以下时就又会结晶成冰。可二氧化硅加热变成液体后，再冷却时就会"忘了"怎么变回去。也就是说沙子加热再冷却不会变回沙子，而是变成了玻璃。所以你可以把玻璃理解成一种**介于固体和液体之间的神秘物质**。

玻璃堪称人类历史上最伟大的发明之一，这绝不过分。跟着门捷列夫先生的引导看下去，你会对玻璃无比崇敬。

首先，玻璃解决了房屋遮风挡雨的问题。在此之前，窗户只是房子的一个洞，当然要挡上些东西防止风把雨吹进屋。古罗马人把玻璃装到窗户上，虽然当时还不能制造大块的玻璃，但是已经使房屋变得很明亮了。

在用了 1000 多年的透明玻璃窗之后，欧洲人发现，往玻璃中加入其他一些东西，玻璃会呈现出各种色彩。于是，出现了彩色玻璃，这种玻璃可以用来装饰窗户。

这种彩色玻璃拼出的图案被称为**马赛克**。这是玻璃对艺术的贡献之一。

艺术奖

玻璃的另一项衍生产品——**镜子**，对艺术甚至人类天性的开发达到了另一种前所未有的高度。

最早，人类采用石头或金属抛光的方法制造镜子，12世纪出现了在玻璃上加入金属涂层的玻璃镜。到了17世纪，镜子成了欧洲上流社会的宠儿。权贵们为了彰显华丽和荣耀，在富丽堂皇的宫殿里摆了很多镜子。

　　镜子还开发了人类喜欢自我表现的天性。在照相机还没发明之前，画家借助镜子开创了一种独特的创作类型——**自画像**。

　　我们熟知的丢勒、达·芬奇、凡·高和伦勃朗留下了一系列美术史上著名的自画像。其中伦勃朗画了 40 多幅。可以想象，如果在今天，他一定是一位自拍狂人。

玻璃对推动科学进步的意义简直不可想象。首先，为了帮助那些视力不好的人们，意大利的玻璃商发明了眼镜。

1590年，荷兰的眼镜商詹森父子发现：把两个大小不同的眼镜片重叠，在一个合适的距离下会使看到的物体放大。由此不断地放大、放大……**显微镜**被发明了。

17 世纪，英国科学家罗伯特·胡克出版了他开创性的绘本《显微制图》。一幅幅精美的手绘图像，再现了胡克通过显微镜观察到的微观世界。其中他发现软木塞切片在显微镜下呈现出一个个小方格的构成方式。受此启发，胡克把生命的基本结构单元命名为**细胞**，意思是：小房子。

胡克低下头发现了细胞，而伽利略抬起头重新认识了宇宙。17 世纪初，伽利略自行研发了可以放大 8 倍的**望远镜**。他第一次看到了月球上的山脉，看到了木星有卫星环绕着旋转，看到了金星的圆缺和太阳的转动。从此，"地心说"被彻底推翻。

你好，地球人，我的卫星跑丢了，帮我找找。

玻璃对化学家的重要性更是不言而喻。走进化学实验室，那些堆积如山的玻璃实验装置最能说明问题。

在**玻璃试管**被发明之前，化学反应都在不透明的烧杯中进行，这使得化学家们很难观察到底发生了什么。

透明、耐热和耐腐蚀的玻璃仪器出现之后，一切都改变了。不过还是有很多问题，比如玻璃经过热胀冷缩之后容易破裂，如果倒入滚烫的硫酸，试管就会如同炸弹一样具有杀伤力。

34

　　加入氧化硼的耐热玻璃出现后，化学家们终于可以放心地做实验了。现代化学也在玻璃的推动下翻开了崭新的篇章。

　　在 19 世纪左右，商店里买不到太多玻璃实验器材。这难不倒那些疯狂的化学家们，他们开始自学玻璃烧制技术。像汉弗莱·戴维、本生这些化学大师，包括生物学巨匠巴斯德，都是制造玻璃器具的高手。

我们说了太多玻璃的故事，不要忘了，我们故事的主角是硅。

在进入 20 世纪之前的数千年，人类对于硅的开发始终停留在玻璃的阶段。不过现代科学的进步，把硅带入到一个更加奇妙的殿堂。

1946 年，第一台通用计算机 ENIAC 在美国诞生了。当时它采用了电子管元器件，占地 170 平方米，重达 30 吨。

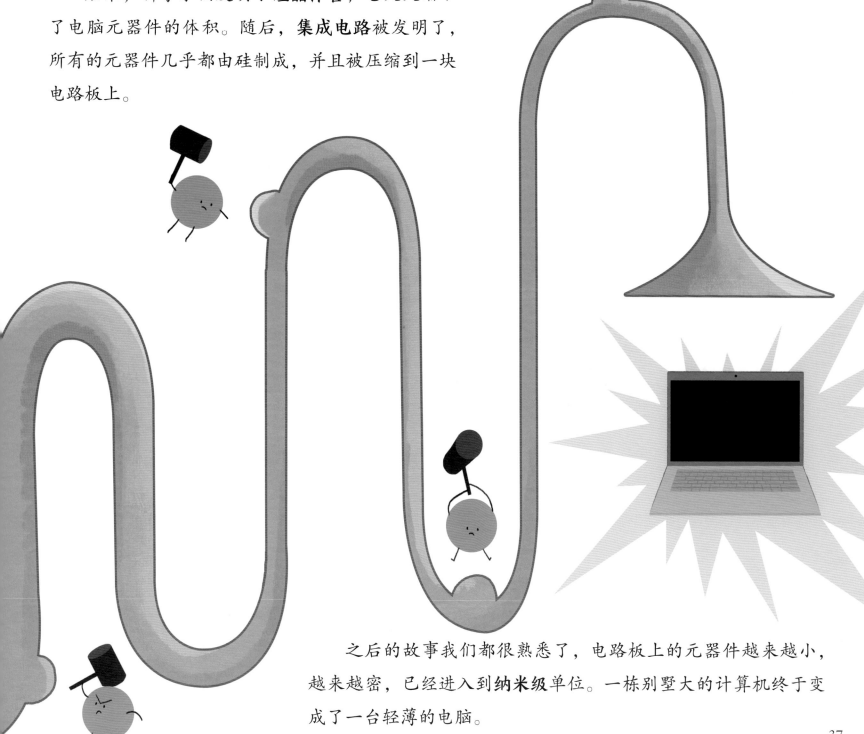

后来，科学家们发明了**硅晶体管**，它大大缩小了电脑元器件的体积。随后，**集成电路**被发明了，所有的元器件几乎都由硅制成，并且被压缩到一块电路板上。

之后的故事我们都很熟悉了，电路板上的元器件越来越小，越来越密，已经进入到**纳米级**单位。一栋别墅大的计算机终于变成了一台轻薄的电脑。

不要忘了玻璃纤维，这种细玻璃丝以光的能量传递信息，被称为**光导纤维**。今天，海底光缆联通了全世界，构建了我们最重要的科技之一——互联网的骨架。

面对壮美的沙漠景色，你拿出由硅元件制成的手机，点亮玻璃制成的屏幕，透过镜头给自己留下一张自拍照。

随后，你把照片发送到社交媒体上，通过光缆的传播，在世界上任何一个地方，你的朋友都会在自己的电脑或手机上看到你潇洒的人生。哦，伟大的硅，请收下全人类发自内心的感谢吧！

这就是元素们的故事。它们种类不多，却构成了世间万物；我们很难看见它们的真实面貌，却很熟悉它们组合在一起的样子；它们的单质大部分都有毒，有些甚至害人不浅，却又是人类美好生活的塑造者；它们的单质有的暴烈，有的安静，却又和谐共生，共同奏响了宇宙共鸣曲。

门捷列夫先生穿越古今，向我们介绍了元素的发现和周期律的奇妙。正是从古至今的这些科学家**对自然规律强烈的好奇心和探索精神**，使得今天的我们可以享受自然的福利。门捷列夫先生的脚步不会停下，人类对元素、对化学的探求，也将走向更神奇、更迷人的未来。

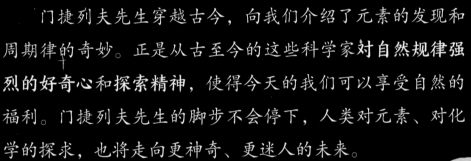

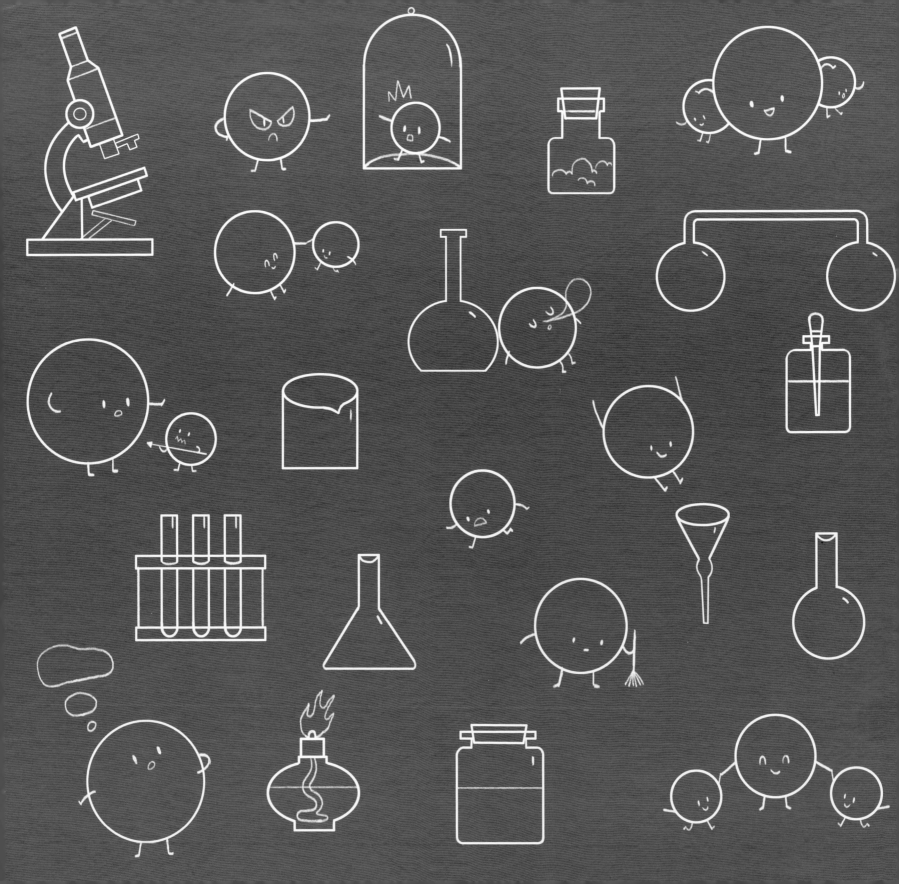